Alle Touren sind auf dem großen Faltplan eingezeichnet

Touren

agener

alerei

sten

ricks

ORUS

EIHE

SEIT MEHR ALS 30 JAHREN STEHT DER NAME „CHRISTOPHORUS“ FÜR KREATIVES UND KÜNSTLERISCHES GESTALTEN IN FREIZEIT UND BERUF. GENAUSO WIE DIESER BAND DER BRUNNEN-REIHE IST JEDES CHRISTOPHORUS-BUCH MIT VIEL SORGFALT ERARBEITET: DAMIT SIE SPASS UND ERFOLG BEIM GESTALTEN HABEN – UND FREUDE AN SCHÖNEN ERGEBNISSEN.

ISBN 3-419-55883-X

Fotos: Peter Nielsen, Umkirch
Umschlaggestaltung: Network!, München
Produktion: Print Production, Umkirch
Druck: Freiburger Graphische Betriebe, 1997

CHRISTOPHORUS
Bücher mit Ideen

Inhalt

Vorwort

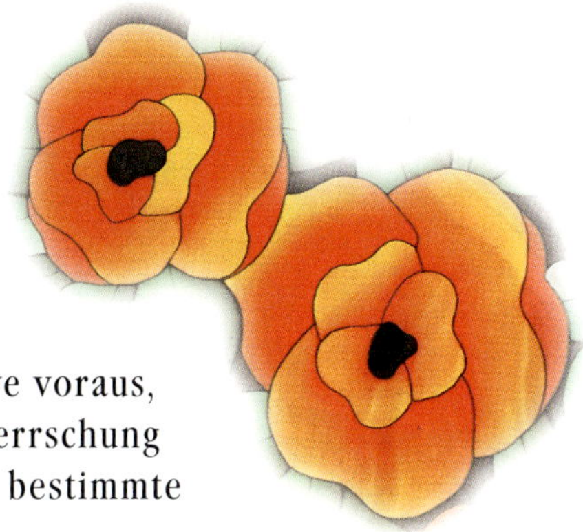

Haben Sie auch schon mal eine Seidenmalerei betrachtet und sich gefragt, wie der eine oder andere Effekt wohl erzielt werden konnte?
Sie werden staunen, mit welchen relativ einfachen Tricks da gearbeitet wurde.
Bei meinen zahlreichen Seidenmalvorführungen und Workshops bei Fachhändlern, stellen mir die interessierten Hobbymaler/innen immer wieder diese Frage. Zahlreiche Techniken, die ich in meiner jahrelangen Arbeit als Seidenmalerin, teilweise entwickelt oder mir angeeignet habe, sind vielen, die Seidenmalerei als Hobby betreiben, nicht bekannt.
Das brachte mich auf die Idee, diesen Brunnen-Band mit Tips und Tricks der Seidenmalerei zu schreiben.
Seidenmalen setzt nicht nur ein gutes Farbempfinden und kreative Ideen für schöne Motive voraus, sondern auch, die Beherrschung technischer Kniffe, um bestimmte Effekte zu erzielen.
Am Beispiel von beliebten Motiven habe ich für Sie etwas aus meiner Trickkiste ausgepackt und in verschiedenen Seidenmaltechniken umgesetzt. Sie finden die entsprechenden Tips immer gleich im Anleitungstext. Alle Techniken können mit Dampf- oder Bügelfarben ausgeführt werden.
Benutzen Sie dieses Buch wie ein Kochbuch. Lesen Sie erst das Rezept vollständig durch und beginnen Sie dann mit der Arbeit.

Ich wünsche Ihnen nun viel Freude beim Experimentieren!

Ihre

Angelika Wagener

Allgemeine Hinweise

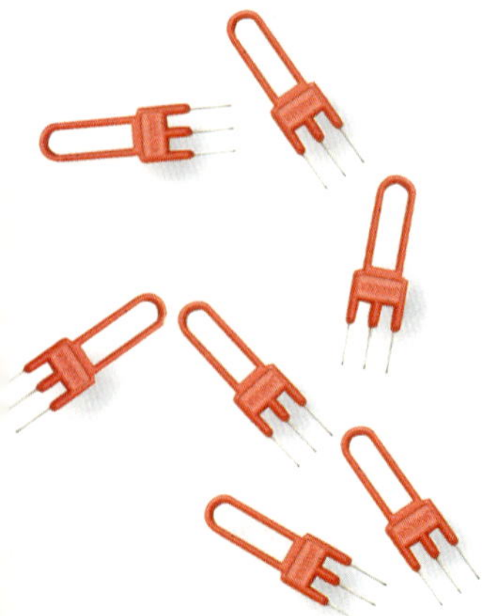

Spannkrallen

Zum Aufspannen fertig rollierter Tücher verwende ich grundsätzlich Spannkrallen. Sie bestehen aus drei Metallhaken, die in die Seide gestochen werden. Die Kralle wird mit Gummibändern am Rahmen befestigt. Der Stoff kommt dadurch nicht mit dem Holz in Berührung, und der Rand kann fleckenfrei bemalt werden. Es ist sinnvoll beim Trocknen die Spannung der Krallen etwas zu lösen, sonst sammelt sich an den straff ge-spannten Stellen die Farbe und der Rand wird ungleichmäßig.

Übertragen der Vorlagen

Bleistift: Mit einem weichen Bleistift werden die Konturen aufgetragen. Nachteil: es kann nur sehr schlecht auf dem Gewebe radiert werden. Außerdem können nach dem Waschen manchmal Bleistiftstriche stehenbleiben.
Phantomstift: Die gemalten Konturen erscheinen in Lila, das nach einiger Zeit von selbst verschwindet.
Bügelstifte: Jeder, der schon mal etwas genäht hat, wird diesen Stift kennen. Die Konturen werden mit dem Bügelstift auf dem Vorlagebogen nachgezeichnet und anschließend auf die Seide gebügelt. Allerdings erscheint das Motiv dann seitenverkehrt. Sie erhalten den Bügelstift in jeder Kurzwarenabteilung.
Suplimatstift: Mit diesem Stift lassen sich Skizzen und Motive vom Vorlagenbogen auf die Seide übertragen. Bei der Berührung mit Farbe oder Gutta werden diese Hilfs-linien unsichtbar.

Seidenmalfarben

Fast alle der vorgestellten Modelle sind mit der dampffixierbaren Farbe Avantgarde gemalt. Die mit bügelfixierbarer Farbe Javana gemalten Teile sind in der Materialliste entsprechend vermerkt. Teilweise wurde auch die neue dampffixierbare Naturfarbe Mori Color verwendet. In diesen Fällen ist ebenfalls die Farbe beim Material genannt. Sie ist in der Intensität der Leuchtkraft und dem Fließverhalten mit der Avantgarde vergleichbar. Mori Color eignet sich auch für Anwender, die auf chemische Farbstoffe allergisch reagieren. Mit dieser Farbe können alle Naturfasern sowie Holz, Papier und Pappe bemalt werden. Neben den Seidenmalfarben werden die Javana Tex Liner verwendet. Mit diesen Stiften lassen sich feine Linien auf Seide zeichnen, ohne daß sie zerlaufen. Auch nach dem Fixieren können die Liner noch verwendet werden, da sie sich einfach durch Trocknen selbst fixieren.

Verdünner

Um eine größere Fläche gleichmäßig und streifenfrei einzufärben sollten die Farben mit Spezialverdünner verdünnt werden. Bei einem Mischungsverhältnis von 1:1 bleibt der Originalfarbton erhalten. Für Pastelltöne muß entsprechend mehr Verdünner verwendet werden. Selbst angemischte Farben verbinden sich besser mit Verdünner. Auch für Auswaschungen ist er geeigneter. Von der Verwendung von Benzin rate ich ab. Beim Einatmen können die Dämpfe zu Kopfschmerzen führen, außerdem muß Benzin speziell entsorgt werden. Als Verdünner, auch für die Naturfarben, empfehle ich den Avantgarde Spezialverdünner S oder das Konzentrat SC, welches im Verhältnis 1:4 mit Wasser selbst

angemischt werden kann.
Bei der Technik des freien Aquarellierens feuchte ich die Seide vorher mit Verdünner an, um bei der Gestaltung des Hintergrundes, beispielsweise eines Himmels, weichere Farbübergänge zu erzielen. Wenn beim Schattieren von Blüten oder Blättern der Farbauftrag sehr zart und hell werden soll, feuchten Sie die Fläche auch vorher mit Verdünner an. Wenn dann noch sehr wenig Farbe eingegeben wird, erreichen sie eine zarte Schattierung mit weißen Effekten, da der Verdünner die Farbe zurückhält.
Bei großen Flächen nehmen Sie einen großen, saugfähigen Pinsel und tragen die Farbe zügig und großflächig auf.

Verdicker oder Antifusant

Auf Seide, die mit Antifusant bestrichen wurde, kann nach dem Trockenen wie auf Papier gemalt werden. Die Farben verlaufen nicht.
Mit Farbe, der Antifusant hinzugefügt wurde, können Sie auf nicht präparierter Seide die gleichen Effekte erzielen. Vermischt man Farbe mit Antifusant und füllt diese in eine Kartusche des Konturenliners, so kann damit auf Seide geschrieben werden, z.B. in Form von Graffitis.

Konturenmittel

Je nach Stärke der Seide fließen die Seidenmalfarben beim Farbauftrag mehr oder weniger nach allen Seiten. Um dies zu beeinflussen, setzt man Konturenmittel ein. Die Modelle in diesem Band wurden alle mit wasserlöslicher Konturenfarbe gearbeitet. Ich verwende dazu den elektrischen Javana Konturenliner, mit dem ohne Kraftaufwand gleichmäßige und absolut dichte Linien gezogen werden können. Wichtig ist die richtige Konsistenz der Konturenfarbe bei unterschiedlichen Seidenqualitäten. Je dicker der Stoff um so dünnflüssiger muß die Konturenfarbe sein. Häufig wird zu dicke Konturenfarbe verwendet, die den Stoff nicht durchdringen kann. Sie klebt und die Farbe kriecht praktisch darunter durch. Konturenfarbe hat die ideale Konsistenz, wenn sie wie Honig fließt. Zu dickflüssige Konturenfarbe kann mit Wasser verdünnt werden.

Zur Regulierung der Strichstärke gibt es für den Liner die verschiedene Spitzen. Schwere Seidenstoffe, wie z.B. Jaquards sollten nicht mit zu dünnen Konturenlinien bemalt werden, die Farbe wird sonst nicht gehalten und fließt aus.

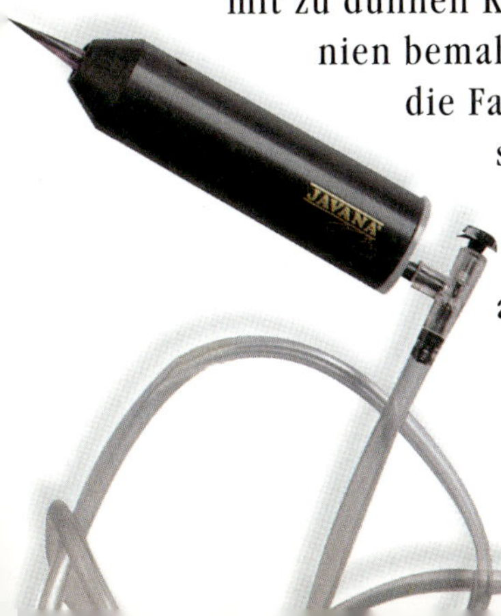

Verarbeiten von konfektionierter Kleidung

Fertig konfektionierte Kleidung hat keine geraden Kanten. Deshalb sollte sie mit Spannkrallen aufgespannt werden. So können die unterschiedlichen Abstände zum Rahmen überbrückt werden. Wenn Sie ein Kleidungsstück bemalen wollen, welches bereits geschlossene Seitennähte hat, schieben Sie den Rahmen zwischen Vorder- und Rückseite, fixieren die Seide mit Dreizackstiften und schützen die jeweilige Unterseite mit Folie gegen das Herabtropfen von Farbe. Bevor Sie mit dem Malen beginnen, sollten Sie das Kleidungsstück waschen, um eventuell vorhandene Appretur zu entfernen. Wenn Sie mit Hilfe von Gutta Konturen über Nähte hinaus zeichnen wollen, müssen Sie die Gutta immer zur linken Stoffseite herüberziehen, um die Naht auch fest zu versiegeln. Sonst läuft die Farbe an den Nähten in das angrenzende Farbfeld aus.

Kissen „Kolibri“

Material

- Satin, 45 x 85 cm
- Farbe: Magenta, Lichtblau, Schwarz, Dunkelgrün, Grün, Rot
- Konturenfarbe in Schwarz
- Tex Liner: Pink, Gelb, Schwarz

Hilfsmittel

- Verdünner
- Konturenliner, 04er Spitze
- Suplimatstift
- Fön

Vorlage A

1. Mit Konturenfarbe ein Quadrat von 35 x 35 cm abteilen, das Motiv übertragen und die Konturen anlegen.

2. Den Kolibri aquarellartig ausmalen und trocknen lassen.

Trick:
Das Gefieder entsteht, in dem einzelne Wassertropfen mit einem Pinsel aufgebracht und sofort trockengefönt werden.

3. Die Blätter in den verschiedenen Grüntönen ausmalen.

Tip:
Die feinen Blattadern zeichnen Sie in Dunkelgrün mit einem dünnen Pinsel in die etwas angetrocknete aber noch feuchte Farbe.

Hibiskusblüte mit Magenta und Rot schattiert ausmalen.
Mit schwarzem und pinkfarbenem Tex Liner feine Linien in die trockene Farbe zeichnen.

4. Etwas Lichtblau mit viel Verdünner anmischen, den Hintergrund malen und trocknen lassen.

5. Die Staubgefäße mit dem pinkfarbenen und dem gelben Tex Liner zeichnen.

Tip:
Trocknen Sie sofort jeden Strich oder Punkt mit dem Fön.

Lichtblau 1:1 mit Verdünner mischen und den Rest der Seide einfärben. Das Kissen nach Belieben nähen.

Kissen „Pfauenauge“

Material

- **Satin, 45 x 85 cm**
- **Farbe: Schwarz, Rot, Olive, Malz, Braun, Blau, Gelb, Tanne**
- **Konturenfarbe in Schwarz, farblos**
- **Tex Liner in Schwarz**

Hilfsmittel

- **Verdünner**
- **Konturenliner, 04er Spitze**
- **Suplimatstift**
- **dünner Pinsel**
- **Fön**

Vorlage B

❶ Das Motiv übertragen und mit schwarzer Konturenfarbe nachzeichnen.

❷ Die weißen Punkte mit farbloser Konturenfarbe und einem Pinsel aufmalen. Gut trocknen lassen. Den Schmetterlingskörper braun grundieren.

Trick:
Mit einem in Verdünner getauchten Pinsel können durch wiederholtes Auswaschen und Trockenfönen helle Stellen erzeugt werden. So wirkt der Körper plastischer.

❸ Mit einem dünnen Pinsel und unverdünnter schwarzer Farbe werden feine Härchen in den getrockneten Schmetterlingskörper gezeichnet.

❹ Die Flügel Naß in Naß ausmalen.

Trick:
Die hellen Farben zuerst und die dunklen zuletzt auftragen. Droht die dunklere Farbe die hellen Stellen zu verdecken, tragen Sie erneut helle Farbe auf und fönen Sie sofort.

❺ Auch in die Flügel feine Härchen mit Braun und Schwarz malen. Mit dem schwarzen Tex Liner dünne Linien durch die Flügel ziehen. Olive 1:1 mit Verdünner anmischen und den Hintergrund malen. Trocknen lassen und in der Farbe Tanne große Blätter aufmalen.

Tip:
Bei dieser Technik nach Möglichkeit jedes Blatt mit ein, zwei Pinselstrichen anlegen und sofort fönen. Blattadern und Härchen am Kopf des Falters mit Tex Liner zeichnen.

Tuch mit nostalgischem Muster

1 Musterteile vom Bogen so anordnen, daß die Bordüre geschlossen ist. Mit Goldgutta nachzeichnen.

2 Blätter und Blüten mit den Mori Color Naturfarben in Aquarelltechnik ausmalen.

Trick:

Jedes Blatt erst mit Verdünner befeuchten, wenig Burgund hineingeben und mit einem sauberen Pinsel die Übergänge gut verreiben. Die grünen Blätter ebenso malen. Je weniger Farbe eingebracht wird, um so heller wird die Malerei.

3 Nach dem Trocknen mit unverdünntem Burgund und einem ganz dünnen Pinsel feine Linien in die Blütenblätter zeichnen. Erst die Mitte des Tuches mit Schwarz und dann den Rand des Tuches ausmalen.

Trick:

Teilen Sie das innere Feld des Tuches mit Hilfe von Punkten und Linien von den Blattspitzen zum Eckmotiv ab. So entstehen vier kleine Teilstücke, die streß- und streifenfrei grundiert werden können.

Material

- **Tuch Crèpe Satin, 90 x 90 cm**
- **Farbe: Schwarz**
- **Naturfarben: Sonnengelb, Sandelholz, Blattgrün, Burgund**
- **Konturenfarbe in Gold**

Hilfsmittel

- **Verdünner**
- **Konturenliner, 04er Spitze**
- **Suplimatstift**
- **Spannkrallen**

Vorlage C

Farbrausch mit Schmetterlingen

Material

- **Tuch Pongé 08, 90 x 90 cm**
- **Farbe: Schwarz, Goldgelb, Rot, Dunkelgrün**
- **Konturenfarbe in Schwarz**
- **Tex Liner in Schwarz**

Hilfsmittel

- **Verdünner**
- **Konturenliner, 04er Spitze**
- **Suplimatstift**
- **Spannkrallen**

Vorlage D

1. Muster vom Vorlagenbogen zusammenstellen, übertragen und mit Gutta nachzeichnen.

Tip:
Die Blätter sollten aneinanderstoßen oder sich überlappen. So entstehen in sich abgeschlossene Felder, die das Ausmalen des Hintergrundes erleichtern, besonders bei der Verwendung von Bügelfarben.

2. Die Blätter mit schwarzer und grüner Farbe, die Blütenblätter und Schmetterlinge mit Gelb und Rot schattiert ausmalen.

Tip:
Nehmen Sie hierbei einen Pinsel für beide Farben und waschen diesen zwischendurch nicht aus. Die im Pinsel verbleibenden Farbreste bewirken besonders reizvolle Effekte.

3. In die getrockneten Schmetterlingsflügel Linien mit dem Tex Liner zeichnen. Schwarz 1:1 mit Verdünner anmischen und die einzelnen freien Felder des Hintergrundes ausmalen.

Herbstliche Landschaft

➊ Das aufgespannte Tuch mit Spezialverdünner anfeuchten und den Himmel mit stark verdünntem Lichtblau malen. Mit etwas Mandarin die Sonne in den noch feuchten Himmel setzen, ein paar Streifen in Goldgelb und Mandarin dazumalen.

➋ Das untere Drittel des Tuches mit Olive grundieren. Das ganze Tuch trocken fönen.

➌ Die Landschaft im unteren Drittel mit den Farben Tanne, Olive und Goldgelb streifenweise aufmalen.

Trick:

Jeden Pinselstrich über die gesamte Breite ziehen und sofort trockenfönen. So entstehen Wasserränder, mit denen die Landschaft gezielt gestaltet werden kann.

➍ Baumstamm und Äste mit dem braunen Tex Liner aufzeichnen. In verschiedenen Grüntönen, Goldgelb und Cuba Blätter malen.

Trick:

Mit dem ausgefransten Pinsel nehmen Sie Farbe auf, tupfen den Pinsel senkrecht auf ein Papiertuch und tupfen erst dann auf die Seide. Sofort jeden Tupfer fönen.
Je weniger Farbe am Pinsel ist, um so kleiner werden die Blätter. Schichtweise die verschiedenen Farben übereinander tupfen.

Material

- Tuch Pongé 10, 90 x 90 cm
- Farbe: Lichtblau, Mandarin, Goldgelb, Olive, Tanne, Cuba
- Tex Liner in Braun

Hilfsmittel

- Verdünner
- breiter, flacher Seidenmalpinsel
- ausgefranster, alter Seidenmalpinsel
- Fön
- Spannkrallen

Blaue Anemonen

Material

- **Seide Pongé 10, 40 x 50 cm**
- **Farbe: Royal, Dunkelblau, Aubergine, Goldgelb, Tanne, Dunkelgrün, Schwarz**
- **Tex Liner in Schwarz**

Hilfsmittel

- **Verdünner**
- **Antifusant (Verdicker)**
- **Schwammpinsel**
- **Lampenschirmfolie 40 x 50 cm**

Vorlage E

1. Die aufgespannte Seide mit Verdünner anfeuchten und mit stark verdünntem Royal einfärben. Mit dem Schwammpinsel das Antifusant gleichmäßig auf die noch nasse Seide auftragen. Trocknen lassen.

2. Die Vorlage darunterlegen, ohne Kontakt zur Seide.

Tip:
Da bei dieser Technik nicht schattiert werden kann, mischen Sie sich verschiedene Blau- und Grüntöne durch Aufhellen mit Verdünner oder Abdunkeln mit Schwarz.

Jetzt kann wie auf Papier gemalt werden. Die Farben zerlaufen nicht auf der Seide.

Tip:
Zuerst werden alle Elemente, die sich im Hintergrund befinden mit heller Farbe gemalt. Nach dem Trocknen die dunkleren Stellen des Vordergrundes auftragen.

3. Nach dem Malen von Blüten und Blättern werden die Staubgefäße mit schwarzem Tex Liner gezeichnet.

4. Fixieren, den Verdicker auswaschen und das Bild auf Lampenschirmfolie ziehen.

Trick:
Wenn Sie die Seide wieder straff auf den Rahmen spannen, können Sie die Lampenschirmfolie faltenfrei aufziehen.

Krawatten mit Blumen & Schmetterlingen

Material

- Jaquard-krawatte
- Farbe: Amarant, Dunkelgrün, Schwarz
- Konturenfarbe in Schwarz

Hilfsmittel

- Verdünner
- Konturenliner, 04er Spitze
- Küchenpapier

Jaquardkrawatte mit Blumenmuster

❶ Die Krawatte auf eine doppelte Lage Küchenpapier auf den Tisch legen.

Tip:
Nehmen Sie eine Krawatte mit einem eingewebten Blumenmuster. Dadurch benötigen Sie keine Vorlage mehr, sondern zeichnen einfach mit Konturenfarbe das Muster der Krawatte nach.

❷ Hier wurden die Blüten mit etwas Amarant und viel Verdünner pastellfarben ausgemalt.

❸ Die Blätter mit Dunkelgrün ausmalen, welches stark aufgehellt wurde. Amarant mit etwas Schwarz abdunkeln und 1:1 mit Verdünner anmischen. Damit die Krawatte grundieren.

Trick:
Um die Krawatte von beiden Seiten gleichmäßig zu grundieren, beginnen Sie am schmalen Ende mit dem Farbauftrag. Ca. 5 cm weit tragen Sie die Farbe auf und wenden die Krawatte, um die Rückseite einzufärben. Stück für Stück zügig mit einem dicken Pinsel bis zum Ende weiterarbeiten. Hängend trocknen lassen.

Jaquardkrawatte mit Schmetterlingen

❶ Das Muster der Krawatte mit schwarzer Kontur nachzeichnen.

Tip:
Warten Sie, bis die Konturenfarbe auf der Vorderseite getrocknet ist. Zeichnen Sie dann die Konturen über die Seitenkniffe auf der Rückseite der Krawatte weiter.

❷ Mit Amarant und Royal werden die Falter aquarellartig ausgemalt. Die Körper grün malen.

❸ Den Untergrund malen Sie mit Schwarz, wie bei der Blumenkrawatte beschrieben.

Material
- **Jaquardkrawatte mit Schmetterling-muster**
- **Seidenmalfarbe: Amarant, Grün, Schwarz, Royal**
- **Konturenfarbe in Schwarz**

Hilfsmittel
- **Verdünner**
- **Konturenliner, 04er Spitze**

Regenschirm mit Fischen

Material

- **Seidenschirm**
- **bügelfixierbare Farbe: Pastellblau, Pastellgrün, Schwarz, Rot, Sonnengelb, Blau**
- **Konturenfarbe in Schwarz**
- **Tex Liner in Schwarz**

Hilfsmittel

- **Verdünner**
- **Konturenliner, 06er Spitze**
- **Suplimatstift**

Vorlage F

❶ Muster vom Bogen übertragen und mit schwarzer Kontur nachzeichnen.

Tip:
Wenn die Konturenfarbe nicht richtig durch den Stoff gezogen ist, von der linken Seite noch einmal nachzeichnen.

❷ Die Fische mit den angegebenen Farben aquarellartig ausmalen.

Tip:
Bei Bügelfarben gelingen gleichmäßige Farbverläufe ohne Ränder, wenn die Seide vorher angefeuchtet wird. Die fertig gemalten Fische durch Bügeln fixieren.

❸ Mit Pastellblau und Pastellgrün den Hintergrund bemalen, so daß eine Schattierung, ähnlich der von Wasser, entsteht.

Trick:
Mit einem Schwamm den ganzen Schirm mit Verdünner anfeuchten und dann die Hintergrundfarben zügig auftragen.

❹ Den getrockneten Schirm bügeln. An unzugänglichen Stellen mit dem heißen Fön fixieren. Mit Imprägnierspray gleichmäßig besprühen.

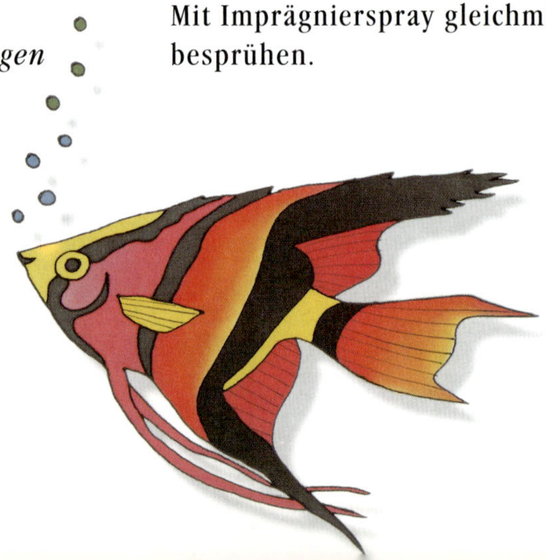

Weihnachtliche Tischdecke

❶ Das Muster vom Bogen so übertragen, daß die Schleifen einen geschlossenen Kreis bilden.

❷ Mit Goldgutta die Konturen nachzeichnen.

❸ Bei den Blättern mit schwarzer Farbe eine Schattenkante setzen, die Farbe Tanne dagegen laufen lassen. Den Pinsel auswaschen und das Grün ausstreichen.

❹ Blüten mit der Farbe Kamin aquarellartig schattieren. Die Schleifen bekommen eine Schattenkante in Curry und werden Goldgelb ausgemalt.

Tip:
Beim Schattieren nehme ich Verdünner zu Hilfe. Wichtig ist auch das kräftige Verreiben der Farben, bis die Übergänge weich und fließend sind. Soll der äußere Rand weiß bleiben, muß der Pinsel immer wieder gut ausgewaschen werden.

❺ Tannengrün 1:1 verdünnen und damit die Mitte der Decke ausmalen. Für den Rand Tanne 1:3 mit Verdünner vermischen. Blattadern und Staubgefäße der Blüten mit Tex Glitter einzeichnen.

Tip:
Füllen Sie den Glitter in den Konturenliner. So erhalten Sie schöne feine Linien.

❻ Mit dem Liner feine Adern in die grünen Blätter ziehen. Vor dem Dampffixieren den Glitter von links einbügeln.

Material

- Tuch Crèpe Satin, 90 x 90 cm
- Seidenmalfarbe: Schwarz, Goldgelb, Curry, Kamin, Tanne
- Tex Glitter in Gold
- Konturenfarbe in Gold

Hilfsmittel

- Verdünner
- Konturenliner, 04er Spitze
- Suplimatstift
- Spannkrallen

Vorlage G

Bluse fürs Winzerfest

1 Das Muster vom Bogen übertragen und so anordnen, daß durch geringelte Weinranken das Shirt in Vorder-, Rücken- und Schulterpartie geteilt wird. Mit Kupfergutta nachzeichnen.

Tip:
Durch die Ranken, die die Seitennähte umschließen, teilen Sie das Shirt in drei Teile, die so abschnittsweise bemalt werden können. Zum Aufspannen reicht ein 1 x 1 m großer Rahmen.

2 Die Blätter mit Tanne und Schwarz, die Trauben mit Magenta und Aubergine aquarellartig ausmalen.
In die getrockneten Blätter feine Adern mit dem Tex Liner zeichnen.
Für die Schulterpartie Tanne 1:3 mit Verdünner anmischen und mit einem Schwammpinsel zügig auftragen. Vorder- und Rückenteil mit dunklerem Grün bemalen.
Fixieren und zusammennähen.

Material

- **Bluse aus Jaquardseide, Seitennähte offen**
- **Seidenmalfarbe: Schwarz, Tanne, Aubergine, Magenta**
- **Konturenfarbe in Kupfer**
- **Tex Liner in Grün**

Hilfsmittel

- **Verdünner**
- **Konturenliner, 04er Spitze**
- **Suplimatstift**
- **Spannkrallen**

Vorlage H

Etwas Barockes braucht der Mann

Material

- Satinkrawatte
- Farbe: Schwarz, Goldgelb, Curry, Saphirblau
- Konturenfarbe in Schwarz

Hilfsmittel

- Verdünner
- Konturenliner, 04er Spitze
- Bügeltransferstift
- Transparentpapier

Vorlage I

Krawatte in Blau-Gelb

Tip:
Zum Übertragen einer Vorlage auf eine Krawatte benötigen Sie einen Bügeltransferstift. Hiermit pausen Sie die Vorlage vom Bogen, legen sie mit der gezeichneten Seite auf und bügeln das Muster ab. Das Bügeleisen muß gut heiß sein und darf nicht hin und her bewegt werden, sonst verwischt sich das Muster. Das Papier kann mehrmals abgebügelt werden.

1. Die so übertragene Vorlage mit schwarzer Gutta nachzeichnen und mit den zwei Gelbtönen durch Schattieren plastisch ausmalen.

2. Den Hintergrund mit Saphirblau 1:1 mit Verdünner vermischt gleichmäßig bemalen, wie vorher beschrieben.

Krawatte in Blau-Grün

❶ Das gleiche Muster wie bei der gelb-blauen Krawatte, aber durch die andere Maltechnik und andere Farben wirkt diese Krawatte etwas schlichter. Das Muster aufbügeln und mit Konturenfarbe nachzeichnen. Das Muster mit Dunkelgrün ohne Schattierungen ausmalen.

❷ Den Hintergrund mit Royal malen, stellenweise etwas Grün dazugeben und gut auf der Seide verreiben.

Tip:
Für einen weichen Übergang zwischen Hintergrund und Motiv, gehen Sie mit einem großen Pinsel, mit Verdünner getränkt, noch mal über die feuchte Krawatte und verreiben die Farben etwas.

Material

- **Satinkrawatte**
- **Farbe: Royal, Dunkelgrün**
- **Konturenfarbe in Schwarz**

Hilfsmittel

- **Verdünner**
- **Konturenliner, 04er Spitze**
- **Bügeltransferstift**
- **Transparentpapier**

Vorlage I

Landschaftsaquarell

Material

- **auf Papier kaschierte Seide von Javana, 30 x 35 cm**
- **Naturfarben: Sonnengelb, Blattgrün, Marsrot, Mondblau**
- **Tex Liner: Braun, Schwarz, Grün**

Hilfsmittel

- **Verdünner**
- **Passepartout in Naturweiß, 28 x 35 cm**
- **ausgefranster, alter Seidenmalpinsel**
- **Fön**

Tip:
Das Stück kaschierte Seide mit doppelseitigem Teppichklebeband auf dem Tisch fixieren, damit es beim Fönen nicht verrutscht.

1. Die Seide anfeuchten und den Himmel mit stark verdünntem Mondblau und etwas Marsrot Naß in Naß malen.

2. Das untere Drittel mit stark verdünntem Blattgrün ebenfalls Naß in Naß malen. Trocken fönen, das Passepartout auflegen und ebenfalls fixieren.

3. Mit den Naturfarben kann auch Pappe bemalt werden. Malen Sie die Landschaft über die Seide hinaus, direkt auf das Passepartout.
Mit dem braunen Tex Liner den Baum aufzeichnen und durch Tupfen und Fönen die Blätter malen (siehe Tuch).

4. Ebenso entsteht der Busch, das Gras im Vordergrund und die Blümchen.
Grasbüschel mit Tex Liner zeichnen.

Tip:
Die Seide mit dem Papier dahinter dampffixieren. Ihr Bild ist dann fertig und braucht nicht mehr aufgezogen zu werden.

Neben dieser Auswahl aus der Brunnen-Reihe haben wir noch viele andere Bücher im Programm. Wir informieren Sie gerne - fordern Sie einfach unsere neuen Prospekte an:

- Bücher für Ihre Kinder: Basteln, Spielen und Lernen mit Kindern
- Bücher für Ihre Hobbys: Stoff und Seidenmalerei, Malen und Zeichnen, Keramik, Floristik
- Bücher zum textilen Handarbeiten: Sticken, Häkeln und Patchwork

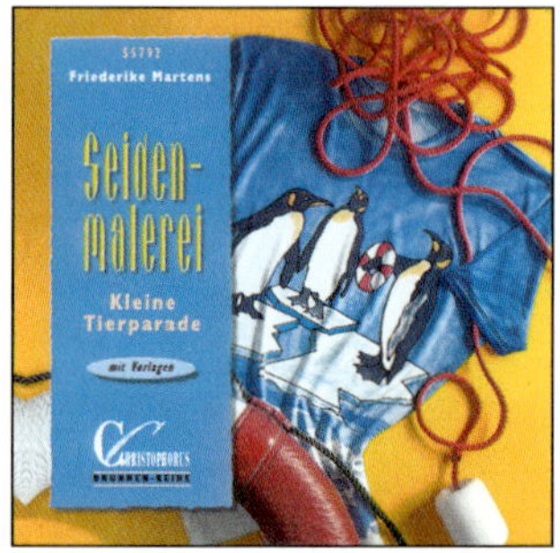

Wir sind für Sie da, wenn Sie Fragen zu AutorInnen, Anleitungen oder Materialien haben. Und wir interessieren uns für Ihre eigenen Ideen und Anregungen. Faxen, schreiben Sie oder rufen Sie uns an. Wir hören gerne von Ihnen! Ihr Christophorus-Verlag

CHRISTOPHORUS
Bücher mit Ideen
Hermann-Herder-Str. 4 / 79104 Freiburg i. Breisgau
Tel: 0761/2717-268 oder Fax: 0761/2717-3